Annette Sirikwa

'Factory Outlet Center": Begriff, Entstehungsbedingungen und versorgungspolitische Befürchtungen

GRIN Verlag

Bibliografische Information der Deutschen Nationalbibliothek:

Die Deutsche Bibliothek verzeichnet diese Publikation in der Deutschen National-
bibliografie; detaillierte bibliografische Daten sind im Internet über http://dnb.d-
nb.de/ abrufbar.

Impressum:

Copyright © 2003 GRIN Verlag GmbH
Druck und Bindung: Books on Demand GmbH, Norderstedt Germany
ISBN: 978-3-656-51927-0

Dieses Buch bei GRIN:

http://www.grin.com/de/e-book/24299/factory-outlet-center-begriff-entstehungs-
bedingungen-und-versorgungspolitische

GRIN - Your knowledge has value

Der GRIN Verlag publiziert seit 1998 wissenschaftliche Arbeiten von Studenten, Hochschullehrern und anderen Akademikern als eBook und gedrucktes Buch. Die Verlagswebsite www.grin.com ist die ideale Plattform zur Veröffentlichung von Hausarbeiten, Abschlussarbeiten, wissenschaftlichen Aufsätzen, Dissertationen und Fachbüchern.

Besuchen Sie uns im Internet:

http://www.grin.com/

http://www.facebook.com/grincom

http://www.twitter.com/grin_com

Universität Bayreuth
Lehrstuhl für Stadtgeographie und
Geographie des ländlichen Raumes
Hauptseminar:
„Geographische Einzelhandelsforschung"

Referat:

„Factory Outlet Center": Begriff,

Entstehungsbedingungen und

versorgungspolitische Befürchtungen

Bearbeitung: Annette Schlamminger

Inhaltsverzeichnis

1 Einführung

„Wer hat Angst vorm FOC?"[1] so lautet eine Überschrift in der Frankfurter Allgemeinen Zeitung vom 01.10.1998. Diese Überschrift ist bezeichnend für die Diskussion um das Pro und Contra von Factory Outlet Centern in den letzten Jahren. Besonders der Einzelhandel sträubt sich gegen die Ansiedlung dieser Vertriebsform in der deutschen Einzelhandelslandschaft. In dieser Arbeit wird zunächst definiert was ein Factory Outlet Center ist, welche Bedingungen dessen Entstehung begünstigen, um am Ende die Chancen und Risiken der wichtigsten Akteure bei der Verwirklichung von Factory Outlet Centern zu diskutieren.

2 Factory Outlet Center als innovative Vertriebsform im Einzelhandel

Dieses Kapitel stellt explizit dar, wie ein „Factory Outlet Center" begrifflich eingeordnet wird, welche Merkmale ein Factory Outlet Center charakterisiert und welche architektonische Formen derartige Einkaufszentren annehmen können. Danach wird kurz der Werdegang vom Fabrikverkauf zum Factory Outlet Center skizziert.

2.1 Begriffsbestimmung „Factory Outlet Center"

Unter einem „Factory Outlet Center", nachfolgend kurz FOC genannt, versteht man die räumliche Konzentration verschiedener Markenhersteller an einem Standort. Die Hersteller mieten einzelne Ladeneinheiten, sog. Outlet-Stores, um ihre Produkte mit erheblichen Preisnachlässen direkt an den Konsumenten zu verkaufen. Anders ausgedrückt handelt es sich um eine räumlich integrierte Zusammenfassung verschiedener Fabrikverkaufsläden innerhalb eines Gebäudekomplexes oder einer Anlage zu einem Einkaufszentrum.[2]
Gemäß der Definition der Gesellschaft für Markt- und Absatzforschung (GMA) spricht man von einem FOC bei einem großflächigen Zusammenschluss mehrerer Hersteller

---

[1] FUHRMANN, S. 51
[2] vgl. SCHMUDE, S. 2

ab einer Gesamtverkaufsfläche von 3000 qm. Weiterhin wird ein FOC normalerweise von einer Management Gesellschaft geplant, realisiert und verwaltet.

2.2 Merkmale von Factory Outlet Centern

2.2.1 Standort und verkehrliche Situation

Da FOCs besonders autokundenorientiert sind, ist es von Vorteil den Standort in der Nähe einer Autobahn, einer stark frequentierten Bundesstraße oder in der Nähe bzw. auf dem Weg zu einer beliebten Freizeit- oder Tourismusregion zu wählen. Das Einzugsgebiet wird hauptsächlich durch die verkehrliche Erreichbarkeit bestimmt. So zeigt die bisherige Erfahrung mit FOCs, dass das Einzugsgebiet innerhalb von 90 PKW-Fahrtminuten liegt, und dass innerhalb von 60 PKW-Fahrtminuten 3 Millionen Einwohner idealerweise leben sollten, damit das FOC durch das Kaufkraftpotenzial rentabel ist. Bei der Wahl des Standorts innerhalb oder in der Nähe einer Touristenregion können Kopplungseffekte zwischen dem Tourismus und dem Einkauf entstehen. Für einen reibungslosen Betrieb muss ein ausreichendes Stellplatzangebot vorhanden sein, das meist kostenlos ist. Das Verkehrsaufkommen selbst wird durch die Verkaufsfläche, die Größe des Einzugsgebietes, die Aufenthaltsdauer der Kunden und der durchschnittlichen Zahl der Besucher pro PKW abgeschätzt. Dabei sollte jedoch nicht die Variation des Verkehrsaufkommens nach Wochentag vernachlässigt werden. Erfahrungsgemäß besuchen die meisten Kunden das FOC am Wochenende. Für diese Spitzenzeit müssen ausreichend Ausweichstellplätze zur Verfügung stehen.[3]

Ein weiteres Kriterium bei der Wahl des Standortes ist eine ausreichende Distanz zum etablierten, meist innerstädtischen Einzelhandel, um einen Kaufkraftabfluß aus der Innenstadt zu vermeiden. Deshalb findet man FOCs meist in ländlichen Räumen auf der „Grünen Wiese", aber dennoch in einer Distanz von 60-PKW-Fahrtminuten und deshalb von den Ballungsräumen immer noch gut erreichbar. Die Vorteile ergeben sich durch die niedrigen Grundstücks- und Mietpreise, der Nachteil liegt allerdings in der geringen Genehmigungsfähigkeit für derartige Großprojekte in

---

[3] vgl. SCHMUDE, S. 7

Deutschland. Darauf wird aber noch spezieller in einem späteren Abschnitt in dieser Arbeit eingegangen.[4]

2.2.2 Sortiments- und Preisstruktur

In den FOCs wird räumlich konzentriert ein umfassendes Sortiment an hochwertigen Markenartikeln, sog. brands, angeboten. Es gibt keine klassischen Magnetbetriebe, die die Kunden anlocken sollen. Die Attraktivität des Outlets wird allein durch den Bekanntheitsgrad der Markenartikelhersteller und der Mischung der verschiedenen Outlets erreicht. Zur Vermeidung von Konflikten mit dem Facheinzelhandel dürfen im FOC ausschließlich folgende Kategorien angeboten werden:

- Waren aus Produktionsüberschüssen,
- zweite Wahl,
- Vorjahresmodelle,
- Sonderkollektionen und
- Waren zum Test von Musterkollektionen.

Dennoch besteht die Gefahr, dass sich nach einiger Zeit das Sortiment an das Sortiment des Facheinzelhandels annähert. Dies kann nur durch eine vertragliche Regelung zwischen dem Outlet Betreiber und der Kommune geregelt werden.

Die Preise in einem FOC liegen deutlich unter denen des regulären Einzelhandels. Markenartikel sind um mindestens 30% günstiger, Discounts bis zu 75% sind keine Seltenheit. Des weiteren gibt es verschiedene Preisaktionen, wie z.B. Saisonverkäufe („back to school sale"), Mengennachlässe für bestimmte Markenartikel („buy three get one free"), Bonushefte mit Gutscheinen und evtl. kostenlose Zugaben ab einer bestimmten Kaufsumme. Diese Preisnachlässe sind dadurch möglich, dass die Handelsspanne zwischen dem Hersteller und dem Einzelhandel durch den Direktverkauf entfällt und weil die Mietkosten für die einzelnen Ladeneinheiten relativ gering sind.[5]

2.2.3 Branchenmix und Servicepolitik

Die wohl am häufigsten vertretene Branche in einem FOC ist die Bekleidungsbranche. Sie nimmt meist 70% des gesamten Outlets ein. Danach folgen

---

[4] vgl. SCHMUDE, S. 8
[5] vgl. FALK, S. 345 und SCHMUDE, S. 8

Schuhe, Haushaltswaren, Glas/Porzellan, Lederwaren, Sportartikel, technische Geräte, Uhren/Schmuck und Geschenkartikel.[6] Ergänzt wird dieses Angebot in neuerer Zeit durch Restaurants und Food Courts, sowie durch Entertainment und Freizeiteinrichtungen, um die Aufenthaltsqualität im Center zu steigern. Waren die FOCs am Anfang allein auf Selbstbedienung ausgelegt, so hat sich das in den letzten Jahren geändert. Zwar ist immer noch Selbstbedienung vorherrschend, doch es steht auch Personal zur Beratung zur Verfügung. Des weiteren wurden Informations-Schalter eingerichtet, an denen man sich nicht nur über die Outlets im Center erkundigen kann, sondern auch Informationen über Ausflugmöglichkeiten in der Region erfragen kann. Außerdem wurde die Annahme von Kreditkarten eingeführt. Es wird sehr auf Sauberkeit, Sicherheit und die Freundlichkeit der Bedienung geachtet. Ferner hat sich auch das im regulären Einzelhandel übliche Umtauschrecht bewährt. Im Großen und Ganzen befindet sich der Verbraucher in einem kundenfreundlichen Ambiente wieder.[7]

2.2.4 Kundenstruktur

Zu den typischen Kunden in FOCs zählen verheiratete, berufstätige Frauen im Alter zwischen 25 und 50 Jahre, sowie junge Familien. Z.B. geht ein Trend dahin, dass der Einkauf im FOC als Familienerlebnis gesehen wird und so besonders gern junge Familien in den Outlets einkaufen. Ein weiterer Kundenkreis sind die sog. „Smart Shopper". Diese Verbraucher sind Menschen mit gestiegenem Preis- und Qualitätsbewusstsein und sie zeichnen sich durch die starke Nachfrage nach Markenprodukten aus. Gemeinsame Merkmale des typischen FOC-Kunden sind hohes Markenbewusstsein und ein gehobenes Einkommens- und Bildungsniveau. Die durchschnittliche Verweildauer der Kunden wird auf 2 ½ - 3 ½ Stunden beziffert und die jährliche Besuchshäufigkeit beträgt 3 bis 4 Mal.[8]

---

[6] vgl. FALK, S. 346
[7] vgl. FALK, S. 346
[8] vgl. SCHMUDE, S. 10

2.2.5 Center Management und Marketing

Ein funktionierendes Center Management trägt maßgeblich zum Erfolg eines FOC bei. Das Center Management übernimmt folgende Aufgaben:

- mietvertragliche Regelungen und Verhandlungen mit den Herstellern,
- kaufmännisch-wirtschaftliche Verwaltung,
- Hausverwaltung,
- Haustechnik,
- Sicherheitsmanagement,
- Center- Werbung,
- Center-Aktionen und
- die Steuerung der wirtschaftlichen Entwicklung durch Beratung, Motivation und Kontrolle der Mieter.

Des weiteren treten die einzelnen Mieter üblicherweise bereits bei Vertragsunterzeichnung einer Werbegemeinschaft bei. Auch das Marketing wird vom Center Management übernommen. In der gemeinsamen Werbung werden nachstehende Botschaften vermittelt:

- die große Anzahl vertretener Markenartikelhersteller,
- die Vielfalt von Sortiment und Branchen,
- günstige Preise,
- ein bequem zu erreichender Standort und
- kundenfreundliche Öffnungszeiten, wenn möglich sieben Tage in der Woche.[9]

2.3 Abgrenzung zu verwandten Betriebsformen

2.3.1 Fabrikverkauf

Beim herkömmlichen Fabrikverkauf verkauft der Hersteller selbstproduzierte Ware bzw. eigene Markenprodukte direkt an den Endverbraucher. Die Verkaufsläden befinden sich entweder direkt neben der Fabrik oder in unmittelbarer Nähe an ein Außenlager angegliedert. Das Sortiment besteht, ähnlich zu den FOCs, aus irregulärer Ware. Die Öffnungszeiten sind meist stark eingeschränkt. Auf Service und

---

[9] vgl. FALK, S. 348-350

Beratung wird weitestgehend verzichtet. Die Preise liegen deutlich unter denen des marktüblichen Niveaus. Der klassische Fabrikverkauf sollte aber nicht mit eigenen Verkaufsniederlassungen der Hersteller, in denen diese ihre Neuware selbst vertreiben, verwechselt werden.[10]

2.3.2 Off-price Stores

In Off-price Stores werden die Ladeneinheiten durch Dritte und nicht, wie im FOC, von dem Hersteller betrieben. Diese Stores werden von Einzelhändlern als Absatzventil für Restposten und Altware genutzt.

Die Ware in den Off-price Stores besteht wie bei den FOCs und dem Fabrikverkauf aus nicht regulärer Ware. Im Gegensatz zum FOC ist das Sortiment hier aber nicht an einen bestimmten Hersteller gebunden, so dass die Kunden hier eine Vielzahl von Marken und somit ein breiteres Sortiment vorfinden.[11]

2.3.3 Value Retail Center

In einem Value Retail Center werden Factory Outlets und reguläre Geschäfte räumlich in einem Einkaufszentrum zusammengefasst. Dabei liegt der Anteil der Factory Outlets unter 50%. In diesen Centern wird versucht die Aufenthaltsdauer durch Restaurants, Unterhaltungseinrichtungen und Kinderbetreuung zu erhöhen. Des weiteren sollen Synergieeffekte durch die beiden Verkaufsformen entstehen und genutzt werden.[12]

2.3.4 Einkaufszentren bzw. Shopping Center

Gewachsene oder geplante räumliche Agglomerationen von Einzelhandels- und Dienstleistungsbetrieben werden Einkaufszentren genannt. Indessen sind Shopping Center bzw. Einkaufszentren im engeren Sinne, eine Konzentration von Einzelhandelsbetrieben, die als Einheit geplant, errichtet und verwaltet werden. Des weiteren werden sie von zusätzlichen dienstleistungs- und handelsorientierten Handwerksbetrieben vervollständigt.

---

[10] vgl. KNÜTTEL, S. 12-13
[11] vgl. KNÜTTEL, S. 13
[12] vgl. KNÜTTEL, S. 13-14

Shopping Center haben mit FOCs die Großflächigkeit, ein einheitliches Centermanagement und eine geplante Konzentration von Geschäften gemein. Der entscheidende Unterschied besteht darin, dass im Einkaufszentrum ausschließlich Einzelhändler als Mieter eine Rolle spielen und auch Güter zur Deckung des täglichen Bedarfs angeboten werden, während in einem FOC nur Markenartikel angeboten werden. Ferner fehlen in einem FOC auch ergänzende Dienstleistungen und großflächige Magnetbetriebe.[13]

2.4 Architektonische Erscheinungsformen von Factory Outlet Centern

2.4.1 Strip Center

Ein Strip Center besteht aus einer geraden Ladenzeile, deren Fußgängerbereich überdacht ist. Die Parkmöglichkeiten befinden sich zwischen dem Einkaufsbereich und der Erschließungsstraße. Die einzelnen Ladeneinheiten befinden sich nebeneinander linien-, L- oder U-förmig angeordnet. Weit über die Hälfte aller amerikanischen FOCs nutzen dieses Konzept, während früher die Center Mall das führende architektonische Konzept war.[14]

2.4.2 Village Center

Bei einem Village Center wird das FOC als kleines Dorf gestaltet. Bei dieser Konzeption, die vor allem in den amerikanischen Südstaaten häufig vorkommt, wird auf einem zusammenhängenden Gebäudekomplex verzichtet. Die einzelnen Ladeneinheiten sind in eigenen Häusern untergebracht, deren Erscheinungsbild einem kleinem Dorf entspricht. Die Häuser gruppieren sich um einen gemeinsamen Dorf- oder Marktplatz. Die Verkaufsflächen der Factory Outlets sind dementsprechend kleinteilig. Die Attraktivität dieser Form ergibt sich aus dem Flair und dem Ambiente und vermittelt dem Kunden das Gefühl einen Ausflug zu unternehmen.[15]

---

[13] vgl. KNÜTTEL, S. 14
[14] vgl. MAYER, S. 13
[15] vgl. MAYER, S. 13

2.4.3 Center Mall

Das Vorbild für Center Malls sind amerikanische Shopping Malls. Bei dieser Form liegen sich zwei geradlinige oder L-förmige Ladenzeilen gegenüber und werden durch eine Überdachung verbunden. Häufig verfügen sie über zwei- oder mehrgeschossige Anlagen, deren verschiedene Ebenen über angegliederte Parkdecks erreicht werden können. Diese Form ist die ursprünglichste Form von FOCs, da die ersten Outlets in stillgelegten Fabrikationgsgebäuden entstanden.[16]

2.5 Die Entwicklung vom Fabrikverkauf zum Factory Outlet Center

Der Ursprung des Fabrikverkaufs liegt in den USA. 1915 verkaufte der amerikanische Glashersteller Flemington Cut Glass zum ersten Mal seine Produkte ab Fabrik; Zunächst nur an Angestellte und Arbeiter des eigenen Unternehmens in sog. Employee Stores. Da das Interesse bei den Verbrauchern für den Fabrikverkauf zunahm, wurde ein Company Store für die Öffentlichkeit eingerichtet. Dieser hatte aber nur an bestimmten Tagen im Jahr geöffnet. 1974 schlossen sich in Reading, Pennsylvania, verschiedene Outlet-Anbieter unter einem Dach in einer stillgelegten Strickfabrik zu einem FOC zusammen. In den folgenden Jahren breiteten sich die FOCs von der Nordostküste der USA über das ganze Land aus. Im Jahr 1997 gab es 329 FOCs in ganz Amerika. Seitdem stagniert jedoch die Anzahl, da eine Marktsättigung eingetreten ist. Das erste FOC in Europa wurde 1992 in Hornsea, Großbritannien eröffnet. Bis 1998 gab es bereits 23 Factory Outlet Center in Großbritannien.[17]

Mittlerweile hat das FOC auch seinen Weg in andere europäische Länder gemacht. Besonders in Frankreich kam es zu einem Ausbau der „FOC-Landschaft". Erst als im März 2001 das Designer Outlet in Zweibrücken eröffnete, gab es in Deutschland zum ersten Mal ein FOC-ähnliches Shopping Center. Nichtsdestoweniger hat der herkömmliche Fabrikverkauf auch hierzulande Tradition. Mitte der 90er gab es 1400 Verkaufsstellen mit Verkaufsflächen zwischen 50 und 500 qm. Eine besondere regionale Dichte liegt in Baden-Württemberg auf der Schwäbischen Alb und in

---

[16] vgl. MAYER, S. 14
[17] vgl. SCHMUDE, S. 4

Bayern. Die bekanntesten Fabrikverkaufsstellen und deren Hersteller sind Hugo Boss in Metzingen, Esprit in Ratingen und Adidas in Herzogenaurach.[18]

3 Entstehungsbedingungen und planungsrechtliche Realisierbarkeit von Factory Outlet Centern

Factory Outlets zählen laut der Entschließung der Ministerkonferenz für Raumordnung zur rechtlichen Einordnung von Factory-Outlet-Centern vom 03.06.1997 zu den großflächigen Einzelhandelseinrichtungen und unterliegen deshalb planungsrechtlich dem §11, Abs. 3 Baunutzungsverordnung (BauNVO).[19] Dieser besagt:

„1. Einkaufszentren,

2. großflächige Einzelhandelsbetriebe, die sich nach Art, Lage oder Umfang auf die Verwirklichung der Ziele der Raumordnung und der Landesplanung oder auf die städtebauliche Entwicklung und Ordnung nicht nur unwesentlich auswirken können,

3. sonstige großflächige Handelsbetriebe, die im Hinblick auf den Verkauf an letzte Verbraucher und auf die Auswirkungen den in Nummer 2 bezeichneten Einzelhandelsbetrieb vergleichbar sind,

sind außer in Kerngebieten nur in für sie festgesetzten Sondergebieten zulässig."[20]

Daraus ergibt sich die Konsequenz, dass FOCs nur in Kerngebieten oder festgesetzten Sondergebieten realisierbar sind. Außerhalb von Kerngebieten muss ein Bebauungsplan ein Sondergebiet für „großflächigen Einzelhandel" ausweisen. Diese Festsetzung orientiert sich an gesetzlichen Bestimmungen, die der Anpassung an die Ziele der Raumordnung und Landesplanung, wie in §1 Abs. 4 Baugesetzbuch (BauGB) geregelt sind.

Die Ziele der Raumordnung sind im §3 Abs. 2 Raumordnungsgesetz (ROG) wie folgt geregelt:

„Ziele der Raumordnung:

verbindliche Vorgaben in Form von räumlich und sachlich bestimmten oder bestimmbaren, vom Träger der Landes- oder Regionalplanung abschließend abgewogenen textlichen oder zeichnerischen Festlegungen in

---

[18] vgl. SCHMUDE, S. 6
[19] vgl. MKRO, S. 397
[20] SÖFKER, S. 277

Raumordnungsplänen zur Entwicklung, Ordnung und Sicherung des Raumes,[21]

Außer den Zielen der Raumordnung müssen auch die Leitvorstellungen des Zentrale-Orte-Systems, sowie das interkommunale Abstimmungsgebot (§2 Abs. 2 BauGB) berücksichtigt werden. Bevor großflächige Einzelhandelsbetriebe genehmigt werden, müssen sich die Projekte einem Raumordnungsverfahren, bei einer Geschoßfläche von mehr als 5000 qm auch einer Umweltverträglichkeitsprüfung unterzogen werden.[22]

4 Versorgungspolitische Befürchtungen

Bei der Diskussion um die Errichtung eines FOCs spielen natürlich verschiedene Meinungen und Befürchtungen von Akteuren eine wichtige Rolle. Im nun folgenden Kapitel sollen Standpunkte und Befürchtungen einzelner Akteure aufgezeigt werden.

4.1 Handel

Einer der wichtigsten Gegner von FOCs ist der Einzelhandel. Dieser befürchtet enorme Umsatzverlagerungen vom innerstädtischen Einzelhandel in das FOC. Durch die entgangenen Einnahmen kommt es folglich zu einem Arbeitsplatzabbau, der durch die geschaffenen Arbeitsplätze im FOC nicht kompensiert werden kann. Eine weitere Befürchtung besteht in der Verlagerung von innenstadtrelevanten Sortimenten in das FOC. Daran anknüpfend können sich Geschäfte mit qualitativ hochwertiger Ware nicht mehr, oder nur schwer behaupten. Dies hat eine Erosion von Innenstadtgeschäften und Funktionseinbußen der Innenstädte zur Folge.[23]
Bei genauerer Betrachtung jedoch ergeben sich auch positive Auswirkungen für den Einzelhandel, die jedoch in der Diskussion nur selten angebracht werden. So ist bei konsequenter Umsetzung des FOC-Konzeptes das Sortiment im FOC weder breit noch tief ist. Daher wird der regelmäßige Bedarf auch weiterhin bei den Einzelhändlern in den Wohnorten gedeckt. Des weiteren können neue Kaufkraftströme, die durch das FOC entstehen, durch ungeplante Spontankäufe

---

[21] SÖFKER, S. 345
[22] vgl. SCHMUDE, S. 12
[23] vgl. GÜTTLER, S. 107

dem Einzelhandel zugute kommen. Als Antwort auf die „Herausforderung" FOC sollten die Innenstädte entwickelt und die Rahmenbedingungen des innerstädtischen Handels gefördert werden, um konkurrenzfähig zu bleiben.[24]

4.2 Raumordnung und Städtebau

Da FOCs meist auf der „grünen Wiese" verwirklicht werden, befürchten Stadtplaner und Raumordner zusätzliche Verkehrsströme, die Umweltbelastungen verursachen, die ohne das FOC nicht zustande gekommen wären. Des weiteren hat die übergroße Inanspruchnahme von Flächen eine immense Zerschneidungswirkung und Bodenversiegelung zur Folge. Ähnlich wie vom Einzelhandel wird auch von den Stadtplanern eine Verödung der Innenstädte prognostiziert. Zur Förderung der Innenstädte stellen Stadtplaner folgende Forderungen:

- Flexible Ladenschlusszeiten für den Einzelhandel in den Innenstädten und Stadtteilzentren,
- Gleiche Wettbewerbsbedingungen zwischen den innerstädtischen Zentren und der grünen Wiese,
- Förderung des innerstädtischen Einzelhandels in Oberzentren im Rahmen der Gemeinschaftsaufgabe „Verbesserung der regionalen Wirtschaftsstruktur" und
- Städtebauförderung durch Bund und Länder zugunsten des Einzelhandels nutzen.

Zu diesen Befürchtungen der Raumplaner gibt es jedoch auch Gegenargumente. Es entsteht nicht so viel Zusatzbelastung durch den Verkehr wie angenommen, da das FOC oftmals auf dem Weg zu anderen Zielen liegt. So ist eine Fahrtunterbrechung auf dem Weg zu einem Ausflugsziel in der Nähe des FOC keine Seltenheit. Der Verlust von Arbeitsplätzen im Einzelhandel ist bisher empirisch nicht nachgewiesen. Die Versiegelung von großen Flächen kann dadurch verhindert werden, dass alte Militärflächen als Konversionsflächen einem FOC zur Nutzung zur Verfügung stehen.[25]

---

[24] vgl. KNÜTTEL, S. 82, 88
[25] vgl. KRAUTZBERGER, S. 474

4.3 Kommunale Ebene

Natürlich stehen die Hersteller und die Bürgermeister der betroffenen Gemeinden einem FOC eher positiv gegenüber. Da FOCs meist in ländlichen Kommunen angesiedelt werden, sehen die Bürgermeister die Möglichkeit die Wirtschaft der Gemeinde zu stärken, neue Arbeitsplätze zu schaffen und durch Gewerbesteuereinnahmen die Gemeindekassen aufzufüllen.[26]

5 Fazit

Als Fazit ist festzuhalten, dass FOCs, auf Deutschland bezogen, letztlich nicht verhindert werden können. Der Standort Deutschland bietet Platz für ca. 15-20 FOCs. Die Nachfrage von Seiten der Kunden ist vorhanden und die Hersteller bzw. Betreiber stehen in den Startlöchern um FOCs ebenso in Deutschland salonfähig zu machen. Auch wenn im Moment noch viele Befürchtungen im Raum stehen, denke ich, dass sie ausgeräumt werden, sobald sich vor allem der Einzelhandel auf diese Herausforderung einlässt und sie annimmt. Und so möchte ich auch mit einem Zitat von Fuhrmann enden:

> *„Verantwortlich geplante und professionell entwickelte FOCs stören die Handelslandschaft keinesfalls und führen auch nicht zur Vernichtung von Arbeitsplätzen, ... "[27]*

---

[26] vgl. KLEINE und OFFERMANNS, S. 35-36
[27] FUHRMANN, S. 51

6 Literaturverzeichnis

Bundesamt für Bauwesen und Raumordnung (Hrsg.) (2000):
Factory Outlet Center, Arbeitspapiere Heft 2, Bonn

Falk, B. (1998): Factory-Outlet-Center: Objektbesonderheiten und Erfolgskirterien.
In: Falk, B. (Hrsg.): Das große Handbuch Shopping-Center, Landsberg,
S. 329-354

Fuhrmann, P. (1998): Wer hat Angst vorm FOC? In: Frankfurter Allgemeine Zeitung,
01.10.1998, S. 51

Güttler, H./Will, J. (1998): Factory Outlet Center in Europa. Ein Reisebericht
In: Informationen zur Raumentwicklung Heft 2/3, S. 107-113

Kleine, K. & Orremanns, T. (2000): In Deutschland geplante Factory Outlet Center.
Eine kritische Betrachtung. In: Raumforschung und Raumordnung,
Band 58, Heft 1, S. 35-46

Knüttel, B. (1999): Factory Outlet Center als Innovation im Handel. Entwicklungen,
Erfahrungen, Perspektiven. Veröffentlichte Diplomarbeit an der
Friedrich-Alexander-Universität Erlangen-Nürnberg

Krautzberger, M. (1997): Factory-Outlet-Center – Stellungnahme aus der Sicht der
Raumordnung In: Der Städtetag Heft 7, S. 473-475

Mayer, S. (1999): Factory Outlet Center in Deutschland. Entwicklungsprozesse,
Raumwirksamkeit und planungsrechtliche Beurteilung. Veröffentlichte
Diplomarbeit im Rahmen der berufsbegleitenden Fortbildung zum
Diplom-Immobilienwirt-IMI, IMI-Immobilien-Institut Reinhard Pachowsky,
Nürnberg

MKRO – Ministerkonferenz für Raumordnung (1997): Entschließung der Ministerkonferenz für Raumordnung zur rechtlichen Einordnung von Factory-Outlet-Center vom 03.06.1997. Nach: Gemeinsames Ministerblatt 1997, S. 397 In: Gans, P./ Lukhaup, R. (Hrsg.): Einzelhandelsentwicklung – Innenstadt versus peripherer Standorte, S. 115 Mannheimer Geographische Arbeiten, Band 47, Mannheim

Priebs, A. (1998): Factory-Outlet-Center – Risiken und Herausforderungen für Innenstadtlagen durch neue Absatzwege der Hersteller In: Gans, P./ Lukhaup, R. (Hrsg.): Einzelhandelsentwicklung – Innenstadt versus peripherer Standorte, S. 107-115 Mannheimer Geographische Arbeiten, Band 47, Mannheim

Rieger, T. (1998): Factory Outlet Center – Standorte, Entwicklungskonzepte und raumplanerische Konsequenzen. Veröffentlichte Diplomarbeit an der Universität Bayreuth, Lehrstuhl Wirtschaftsgeographie und Regionalplanung, Prof. Dr. Drs. h.c. . Maier, Bayreuth

Schmude, J. (2000): Factory Outlet Center (FOC) – Schreckgespenst des Einzelhandels? In: Schmude, J. (Hrsg.) (2000): Factory Outlet Center. Beiträge zur Wirtschaftsgeographie Regensburg. S. 1-16

Söfker, Dr. W. (2000): Baugesetzbuch. 31. Auflage, München

Weick, T. (1997): Factory-Outlet-Center und zukünftige Innenstadtentwicklung: der Fall Zweibrücken. In: Gans, P./ Lukhaup, R. (Hrsg.): Einzelhandelsentwicklung – Innenstadt versus peripherer Standorte, S. 107-115 Mannheimer Geographische Arbeiten, Band 47, Mannheim